Le rempart de l'univers

Du même auteur

Les porteurs de lumières

Szlatala David

Le rempart de l'univers

Édition : Books on Demand,
12/14 rond-Point des Champs-Elysées, 75008 Paris
Impression : BoD - Books on Demand, Norderstedt, Allemagne
ISBN : 9782322241033
Dépôt légal : Août 2020

"Si vous m'avez compris, c'est que je n'ai pas été assez clair !"
Richard Feynman

À Andréa et Manon.

Chapitre 1

La rivière "salée" qui prenait sa source un peu plus en amont, partageait le village en deux rives inégales. Elle créait sur son passage des bassins naturels où les baigneurs profitaient de sa fraicheur.

Malgré la journée qui s'annonçait chaude en ce début du mois d'aout, une légère brise de temps à autres, faisait frissonner les arbres plantés tout autour de la place centrale.

Les terrasses des restaurants s'étaient remplies si vite, que les pauvres serveurs ne ménageaient pas leurs efforts.

Et pour cause !

Nombreux étaient les promeneurs assoiffés désireux de faire une halte bien méritée.

Tous s'aventuraient dès les premières heures du jour vers la même épopée pédestre, livre en main acheté à la seule librairie du village, sur les traces du cercle de pierres.

En effet, il y a deux siècles de cela, un abbé de la région, rédigea un curieux ouvrage à vrai dire, sur l'origine des langues.

Toutes d'après lui, dérivaient de la langue celtique.

Par l'étymologie des lieux il tenta d'étayer sa thèse.

Il se mît même à arpenter les montagnes et se donna un mal de chien à modifier le paysage, déplaçant des croix, des pierres, les rajoutant là ou il n'y en avait pas !

Bref, essayant de faire ressembler la réalité à ce qu'il décrivait dans son livre.

La vraie langue celtique est depuis devenue un best seller posthume qui fait le bonheur des libraires de la région.

Cet ouvrage décliné en plusieurs versions est le viatique du promeneur, qui délaisse alors d'autres beautés de pierres présentes en ces lieux.

Au milieu de cette frénésie touristique, un homme, attablé, sirotait paisiblement une bière.

Sa barbe grise de quelques jours faisait ressortir le bleu "acier" de ses yeux.

"La fin du monde ? C'est pour demain !"

Une telle naïveté le fit sourire.

L'article du journal qu'il lisait détaillait les causes probables de la catastrophe :

fin du calendrier Maya ; apocalypse de saint Jean ; alignement planétaire ; inversion des pôles magnétiques...

En voila des raisons de choisir le 20 décembre prochain, le pic qui se trouvait derrière lui comme refuge !

Une masse noire en forme de pyramide tronquée dont le sommet se dérobait sous un épais brouillard.

En effet, le puech des boulgres, (nom donné aux ancêtres des cathares), alimentait depuis longtemps de nombreuses légendes.

Certains affirmaient que des ovnis survolaient régulièrement son sommet.

D'autres prétendaient que ce mont abritait en son sein un trésor...

Lequel ?

Les touristes n'avaient que l'embarras du choix : celui des Cathares, des Templiers, l'or d'un abbé des environs, l'arche d'alliance....

- Rien que ça !

La moins farfelue des théories était la présence d'énergie remontant de la croûte terrestre jusqu'à sa surface sous forme d'électricité mystique.

Cette idée de courants telluriques lui plaisait.

- Bref ! De quoi proclamer ce mont rocheux "abri idéal" pour la fin du monde.

Il ne remarqua la présence d'un homme assis à quelques mètres de lui, qu'à l'arrivée jeune d'une femme au charme enjôleur qui l'embrassa tendrement sur les lèvres.

Ses mèches châtain encore mouillées, qu'elle glissa d'un geste délicat derrière ses oreilles, lui conférait une fraîcheur qui le fit frissonner malgré lui.

Sa robe noire mettait en valeur un décolleté forçant les plus vertueux à le contempler, ainsi que sa chute de reins.

Une bretelle de son soutien gorge tombant de son épaule inspira chez lui un parfum d'érotisme.

Ses sandales noires à talon laçaient et ceignaient ses chevilles délicates et harmonieuses.

Elle dissimulait malheureusement ses yeux noisette parsemés d'éclats verts derrière des lunettes de soleil qu'il aurait bien voulu lui ôter avec délicatesse. C'est ce que fit le compagnon de la belle, qui les lui mit en guise de sert tête, pour mieux plonger son regard dans le sien et à nouveau l'embrasser.

Étienne ébouriffa sa chevelure brune. C'était chez lui un tic pour compenser une gêne, ici occasionnée par sa curiosité envers le couple.

Il avait remarqué aussi un livre au format de poche, dans la main de la jeune femme. Il en reconnut aussitôt le titre :

"La vraie langue celtique".

Comme il était assez proche d'eux, il pût sans problème écouter la suite de leur conversation.

- Tiens, je t'ai ramené un petit cadeau de la boutique de souvenirs.

Elle s'assit auprès de son compagnon et posa l'ouvrage sur la table. Elle savait d'avance que cela lui plairait. De son regard espiègle elle guetta sa réaction.

Il se leva et l'embrassa sur la bouche puis déposa un autre baiser dans son cou en lui chuchotant quelque chose qu'Etienne ne pût entendre.

Elle sourit.

- J'aimerais que le temps s'arrête !

- Mon chéri, comme tu me l'as souvent répété, dire que le temps a une vitesse et qu'il s'écoule n'a aucun sens.

Alors l'arrêter tu penses....

Il la regarda, admiratif.

- Eh oui, je t'écoute quand tu me parles.

- Je vois ça.

Tu as raison. Le temps est cette chose qui fait passer la réalité. Il ne fait que renouveler l'instant présent.

Face à eux Étienne saisit l'occasion pour les apostropher.

- Excusez moi ! Mais Schrödinger à écrit un jour, je le cite de mémoire :
"aimez une fille de tout votre cœur et embrassez la sur la bouche, alors le temps s'arrêtera et l'espace cessera d'exister."
- Joli ! Qui est ce Schrödinger ?
- Ah mademoiselle !
L'un des nombreux acteurs de la physique du vingtième siècle. Une histoire passionnante qui se poursuit au CERN en ce moment.
- Voulez-vous vous joindre à nous pour nous la faire découvrir ?
Si vous avez le temps bien entendu....
- Avec joie !
Il les rejoignit, leur serra la main et s'assit auprès de la jeune femme.
Elle pu lire son prénom sur la gourmette qu'il portait à son poignet gauche : Étienne.

Chapitre 2

Un serveur vint a leur table.

Eux commandèrent un café, la jeune femme prit un coca.

- Toutefois, permettez moi une parenthèse avant de nous plonger dans l'histoire de l'univers. J'aimerai revenir sur le temps.

Est-il une affaire de conscience ?

Un silence s'installa.

- Si je vous dit que l'univers a 14 milliards d'années et qu'il a passé le plus clair de son temps sans nous, cela vous évoque quoi....

- Que des phénomènes se sont succédés sans que nous en ayons conscience : des éclipses des explosions d'étoiles etc....

- Bien mon cher ! Donc vous admettez qu'il a fait son affaire sans nous.

Il fait aussi en sorte que nous ne puissions le remonter selon la seconde loi de la thermodynamique. L'entropie étant le degré de désorganisation d'un système, il ne peut que croître, et donc interdit tout voyage dans le temps, surtout dans le passé.

Mais remontons son cours si vous le voulez bien.

Le livre que votre promise vous a offert traite de l'origine du langage si je ne m'abuse. Définir l'origine de quelque chose est moins aisé qu'il n'y parait. L'origine de toute chose est toujours l'achèvement d'un processus antérieur à celle-ci dans le temps.

Comme rien ne nait de rien, l'origine de l'univers, c'est quoi a votre avis ?

- De nombreuses particules dans un petit volume. C'est ça ?

- Oui. Pour l'instant, on s'en contentera.

Je vous avais promis une histoire, longue soit-elle....

La voici !

Le scientifique se racla la gorge avant de commencer.

Entre 1923 et 1927 une quinzaine de scientifiques tous européens établissent les lois de la physique quantique. Des colloques financés par les entreprises Solvay, les réunissent chaque année à l'hôtel Métropole de Bruxelles où ils débattent de leurs recherches.

- l'un d'eux, Einstein (plus besoin de le présenter) déduit de la relativité générale la déformation de l'espace temps, donc de l'univers.

Cela en fait un objet physique et non plus un simple nom désignant l'ensemble des objets célestes.

Edwin Hubble, catcheur le jour, astronome la nuit, observe les galaxies depuis le télescope situé sur le mont Wilson.

Il s'aperçoit que celles-ci nous fuient d'autant plus vite qu'elles sont éloignées de nous.

- De quelle manière ?

- J'y arrive.

Leur spectre de lumière se décale vers le rouge.

Autrement dit : lorsqu'une voiture vient dans votre direction, le son qu'elle produit est aigu.

(ses fréquences sont courtes et écrasées)

Une fois qu'elle vous a dépassé, le son est grave. (ses fréquences sont longues et lâches)
Cela donne ça : iiiiiiiiionnnnnn.
Pour la lumière c'est pareil. Une galaxie qui se rapprocherai de nous, nous enverrai une lumière de spectre tendant vers le bleu.
Si au contraire elle s'éloigne....
- On observera une lumière tendant vers le rouge.
- C'est exact mademoiselle.
En fait elles ne nous fuient pas c'est l'univers qui est en expansion.
Prenez un ballon. Avant de le gonfler, faites des points avec un feutre un peu partout sur sa surface puis gonflez le.
Que se passe t'il ?
- Les points donneront l'impression de s'éloigner les uns des autres....
- Elle est calée votre compagne !
Elle rougit.
- ben heu, à force de m'en entendre parler....
- je vois !
Gamow, un ukrainien ayant beaucoup d'humour (çà c'est une autre histoire), déduit des équations d'Einstein que si l'univers est en expansion et sa température moins élevée aujourd'hui, c'est qu'il en était tout autrement par le passé.
- En gros à ses débuts, l'univers était plus dense, donc plus petit et plus chaud ?
- On peut dire ça, je vais finir par vous embaucher mademoiselle !
La jeune femme rougit de nouveau.

- Mais ce petit univers pose un problème. Sur les quatre lois qui le régissent, c'est à dire :
- l'électromagnétisme qui décrit les phénomènes électriques et magnétiques.
- la gravitation qui met en évidence la déformation de l'espace temps.
- la force nucléaire faible, responsable des effets radioactifs.
- la force nucléaire forte qui assure la liaison des protons et des neutrons au sein d'un noyau d'atome.
Seule la gravitation ne s'intègre plus dans notre micro univers. On est face à un mur.
Un rempart en quelques sortes.....
- C'est joliment dit.
C'est à ce moment là que l'on rentre dans le monde des particules.

Chapitre 3

La jeune femme souffrait visiblement de ses maux de tête habituels.

- Excusez moi messieurs mais je vais m'allonger un moment.

Elle salua Étienne et embrassa tendrement son compagnon.

Étienne sauta sur l'occasion pour s'adonner à l'un de ses pêchers mignons.

- Savez vous que l'anagramme de migraine est "imaginer" ?

- Charmant ! Je m'en souviendrai....

Et elle s'éclipsa, laissant sur son passage un nuage évanescent de "Trésor".

Étienne en profita, désignant le livre posé sur la table.

- Et si nous aussi, on jouait les touristes vu que vous avez LE guide du moment ?

Le jeune homme déplia sur le champ la carte qui se trouvait à la fin de l'ouvrage.

Plutôt grossière, elle était tout de même difficile à déchiffrer au premier coup d'oeil.

Il semblait visiblement connaitre les lieux.

Il indiqua à Étienne un sentier qui se trouvait sur le coté droit de la route. Alors qu'ils l'empruntaient, il se sentit rassuré que le physicien ne l'aie toujours pas reconnu.

Boueux et accidenté, le chemin au départ en pente assez douce, devint abrupte au fur et à mesure qu'ils s'enfoncèrent dans la forêt. Nos deux compères appréciaient déjà la fraîcheur, bien à l'abri des arbres tout autour d'eux. Parfois des rayons de soleil traversaient de façon éparses, tel des jeux de lumière, la végétation de plus en plus dense.

- Parlez moi un peu de ce livre.

- Que puis-je vous en dire ?

Il y a eu en tout quatre rééditions. Celle que je tiens dans la main est la plus fidèle de l'originale puisque c'est un facsimilé. L'exemplaire qui a servi pour la reproduction appartenait à un certain monsieur Guizard résidant à Sougraigne. Le texte est en partie une mosaïque d'extraits d'ouvrages du dix neuvième siècle. La mode à l'époque où l'abbé rédige ce livre est de donner à tout une origine celtique. Ici en l'occurrence celledu langage.

- C'est curieux, le pronom "nous" est utilisé dès le début. Qui est l'autre personnage ?

- il semble que ce soit Edmond Boudet, le frère de l'abbé qui en plus est l'auteur des illustrations.

Ils arrivèrent à un croisement. Une pancarte en bois indiquait de continuer tout droit pour le fauteuil du diable. Etienne remarqua que son compagnon de route n'y avait pas prêté la moindre attention. Il se risqua donc.

- Vous avez l'air de savoir où vous allez, je me trompe ?

- Pas du tout. En fait, c'est la sixième fois que je viens dans la région.

- Ah ?

- Comme vous dites hein ?

- Mais qu'est-ce qui vous attire tant par ici ?

- Le paysage, le calme....

- Allez quoi, ne vous faites pas prier plus longtemps !

- Bah.... Si vous y tenez....

Il y a de cela....

Oh oui... une bonne quinzaine d'années maintenant que par hasard....

J'ai découvert la vie peu ordinaire d'un curé des environs et de son trésor.

- Le fameux curé aux milliards ?

- Ah, vous connaissez ?

- Comme tout le monde je suppose...

Mais allez y, continuez !

- Avec un ami nous nous sommes passionnés pour cette histoire.

Nous avons lu tout ou presque sur le sujet, des théories les plus sérieuses aux plus fantaisistes, sans toutefois y trouver une réponse satisfaisante à nos yeux !

- Vous l'avez trouvé ? Je veux dire le trésor ?

- Pas exactement. Mais à force de remettre les choses dans le contexte, les pièces du puzzle se sont enfin assemblées.

Ah ! Voilà, nous y sommes !

Sur leur droite, un muret en pierre de tailles irrégulières et empilées de façon chaotiques défiait la gravité. De son sein coulait un filet d'eau rougeâtre qui se déversait dans un bassin ressemblant grossièrement à une caravelle de béton avec son château arrière surélevé. Il devait mesurer environ une vingtaine de centimètres. À côté, comme posé là, un rocher creusé en forme de siège rudimentaire semblait attendre son hôte.

Le chemin tournait a droite pour s'enfoncer d'avantage dans la forêt. Les arbres plus clairsemés à cet endroit dispensaient moins d'ombre. Le jeune homme essoufflé, s'y installa aussi confortablement que possible.

Étienne préféra rester debout.

Il attendait avec impatience le récit de son compagnon.

- le rocher sur lequel je suis assis porte le nom de "fauteuil du diable". Ce qui est curieux, c'est que Boudet n'y fait aucune allusion dans son ouvrage.

Selon la légende, le prince des ténèbres en personne, tomba éperdument amoureux d'une jeune fille du village qui se trouve en contrebas.

Mais la demoiselle repoussait si violemment ses avances qu'il eu l'idée de prendre l'apparence de l'élu de son cœur :

Le prince !

Alors que ce dernier revenait de guerre, il surprit sa fiancée dans les bras du diable.

Un duel à mort s'engagea.

Malheureusement le diable eut le dessus et le prince fit une chute terrible dans le précipice, suivi de sa belle qui préféra se jeter dans le vide, désespérée....

Le diable alors se serait assit, là, sur ce rocher et aurait pleuré si longtemps que ses larmes en auraient creusé la pierre.

Son armure avec le temps, aurait fondu et coulé jusqu'à la source, qui devint alors ferrugineuse.

On la nomme aujourd'hui "la source du cercle".

Étienne tourna la tête, pour observer le bassin que son comparse désignait du doigt sur sa gauche.

- Elle tire son nom du hameau dans lequel elle se trouve.

D'après la légende, la tribu des Redonnes qui vivait ici, aurait dressé des mégalithes sur la crête des montagnes environnantes afin de dessiner un cercle de pierre savantes qu'ils nommaient "cromleck".

Rennes les bains en était le point central.

Au premier coup d'oeil vous ne les voyez pas mais il y en a tout autour de nous, perdues dans la végétation. Mais peut on faire confiance à l'abbé.....

Ce qui est troublant c'est que Strabon dans son ouvrage sur l'histoire des Galates évoquerait l'existence de cromlecks dans le sud de la France.

Vous vous souvenez du village de Rennes où nous avons pris un café tout à l'heure ?

Eh bien depuis l'époque gallo-romaine c'est une station thermale.

D'ailleurs, le suffixe "es" de son nom d'origine "Règnes" signifie littéralement en celte : "les eaux".

- Ah, je vois....

Mais le diable dans tout ça ?

Il semble être partout dans la région !

Un pont près d'Alet, une pierre avec l'empreinte de sa main dans cette forêt, son fauteuil dans lequel je suis assis, beaucoup de choses semblent attester de son passage.

- Mais venez, je vais vous montrer quelque chose d'encore plus curieux.

Ils poursuivirent leur chemin en contournant le le trône de pierre, à la recherche des autres sites décris par l'abbé.

- Il est sans doute plus vraisemblable que ce soit le comte de Fleury qui, s'asseyant régulièrement ici lors de ses parties de chasses, aurait fait creuser ce rocher en forme de siège.

- Hum hum....

Ils accédèrent rapidement à un plateau en pleine clairière. Là se dressaient d'énormes formes noires qui se révélèrent être des blocs de grès posés en équilibre sur un sol rocheux. Il leur fallut les contourner par la gauche pour admirer la même vue que celle dessinée dans la vraie langue celtique. Le temps avait passé et la végétation luxuriante maintenant dominait cette curiosité perdue au milieu de la forêt.

- Il paraît que le prince des ténèbres les aurait lui même déposés ici.....

Une autre légende rapporte que l'on peut invoquer l'esprit du mal pour peu que l'on ait un pacte à faire avec lui.

- Stupéfiant !

- Ou effrayant, c'est selon.

Ils s'approchèrent en dévalant une pente abrupte au risque de se rompre le cou.

Le jeune homme ouvrit son livre et lut à haute voix :

- " À l'extrémité du Pla de la Coste, sur le rebord du plateau, sont placées deux pierres branlantes ou Roulers.

La manière dont elles sont posées indique avec évidence un but poursuivi et atteint, celui de permettre à une secousse légère de produire une trépidation marquée et sensible..."

Il reposa l'ouvrage et de sa main droite essaya de faire trembler l'un des mégalithes comme l'abbé venait de le suggérer.

Mais rien ne se produisit.

- Eh ben non, ça marche pas !

Il semblent pourtant en équilibre.

- Parfois nos sens nous trompent. Depuis Galilée, nous avons compris que seuls les mathématiques sont capable de vraiment saisir la véritable nature des choses !

- Ah ! j'ai un problème alors, j'ai toujours eu des lacunes dans cette matière !

- Ben mince !

Ils rirent de bon cœur.

Étienne reprit :

- Je ne plaisante pas.

Le boson de Higgs en est un exemple.

- Que vous voulez dire ?

- Que malgré les apparences, les choses ne sont pas toujours ce qu'elles semblent être...

Il y a depuis toujours dans notre esprit un lien très fort entre la masse et la matière...

Or en 1964, et seulement à l'aide de calculs, trois physiciens ont prédit que la masse serait une propriété secondaire des particules :

François Englert, Robert Brout d'un côté, et Peter Higgs de l'autre rédigent une page et demie de calculs prédisant que la masse était le résultat de l'interaction plus ou moins forte de celles-ci avec le vide.

- Qui du coup ne l'est plus ?

- En effet. Il est constitué d'un champ qui n'a pas assez d'énergies pour exister. Plus les particules interagissent avec lui, plus elles acquièrent de la masse.

Celles qui ne semblent pas du tout affectées par ce champ sont les photons.

Chapitre 4

- "Cette fontaine, placée sur la rive droite de la Blanque,se trouve à la distance d'un kilomètre à peu près au sud de la station thermale.
On la désigne depuis peu sous le nom de la Madeleine ; mais son nom celtique reproduit dans le cadastre, est celui de fontaine de la Gode."

Les deux compères laissèrent donc derrière eux les roches tremblantes et prirent la direction de la source de la Madeleine qui se trouvait en contrebas de la route.

Au moment où ils sortirent de la forêt, ils retrouvèrent la chaleur écrasante du soleil.

- Pourquoi la preuve d'un tel champ seulement maintenant ?

- Le CERN devait pour cela acquérir la technologie nécessaire : Le grand collisionneur de Hadrons.

Son principe est simple : on produit des collisions de protons à la vitesse de la lumière. L'énergie qui s'en dégage est absorbée par les particules du champ présent dans le vide.

Elle se dévoilent ainsi à nous, telles des belles au bois dormant que l'on aurait réveillées d'un baiser !

- Quelle poésie !

Ils quittèrent la route pour emprunter un sentier en pente douce qui menait à un plateau de verdure.

Une table et des bancs accueillaient les promeneurs pour leurs pique-niques.

L'endroit était désert.

Un calme apaisant régnait en ce lieu.

L'écoulement de la rivière ajoutait à ce paradis une sensation de bien être.

Sur ses bords, la Blanque continuait inlassablement l'érosion de piliers de pierres où un pont avait jadis existé...

Nos amis s'installèrent sur l'un des bancs envahis par les hautes herbes.

- Tout ceci est passionnant mais en quoi cela concerne t-il l'origine de l'univers ?

L'atome n'est-il pas finalement qu'un système planétaire miniature ?

- C'est ce qu'a pensé Rutherford.

Prenons l'atome d'hydrogène, qui est le modèle le plus simple puisqu'il est constitué seulement d'un proton de charge positive et d'un électron de charge négative, le second tournant autour du premier.

Un problème demeurait pourtant.

Comment expliquer qu'un atome n'émet un rayonnement que dans certains cas.

Niels Bohr comprend que l'électron a des trajectoires autorisées et d'autres interdites autour du proton.

Lorsqu'il en change, il dégage de l'énergie sous forme de lumière mais pas de n'importe quelle manière.

Planck va travailler sur cet échange d'énergie entre la lumière et la matière. Il va en déduire que ce dernier se fait sous forme de paquets ou quantas. Il va modéliser ce principe par une formule qui relie l'énergie d'un photon à sa fréquence. Cette constante il l'appellera h qui vient de "hilfe", au secours en allemand.

- Pouquoi au secours ?

- il a écrit cette formule par désespoir, car il ne croyait pas à l'existence de l'atome.

- Autrement dit, les braises d'un feu dégagent un nombre de paquets d'énergie moins important que le soleil.

Leur différence de couleur dépend de la fréquence de la lumière émise.

Une fréquence moins élevée émet un rayonnement infrarouge.

Lorsqu'elle s'accroît, elle tend vers l'ultraviolet. Un radiateur en marche par exemple produit un rayonnement invisible à l'oeil nu, sa fréquence étant très faible.

Le soleil dégage une énergie dont la fréquence est proche de l'ultraviolet donc nous devrions le voir avec une couronne bleue. L'atmosphère de la terre filtre ses rayons et les fait percevoir rouge.

Etienne maintenant feuilletait "la vraie langue celtique".

- Votre curé avait de la suite dans les idées ma parole, écoutez plutôt ça :

-"Ces deux sources ferrugineuses ont reçu des Celtes le nom de Gode, to goad, aiguillonner, exciter, animer.

-"Lorsque l'on donne à une eau minéralisée en fer, un nom pareil, c'est que les propriétés en sont parfaitement connues, et que l'on sait à n'en rien douter, dans quels cas précis de maladie on doit faire usage de cette eau...

Il précise que la source émerge abondamment de la faille taillée dans une

paroi de grès. Son goût serait d'après lui assez âpre !
Et si on allait vérifier ?
- Pourquoi pas. Nous avons encore du temps devant nous...

Chapitre 5

Sans trop de difficulté ils atteignirent l'autre rive de la Blanque.

Il leur fallut pour cela traverser en équilibre instable sur les pierres glissantes qui émergeaient de l'eau.

De l'autre côté de la rive, une falaise de grès se dressait tel une forteresse formant un cul de sac.

De là, coulait un mince filet d'eau formant une rigole de boue rougeâtre. Deux dalles servaient de banc de chaque côté, ornant ce simulacre de fontaine.

- C'est ça la fontaine de la Madeleine ?

- Heu oui j'en conviens, elle n'est pas très spectaculaire. Et je vous mets au défi d'y goûter !!!

D'un ton moqueur et s'empêchant de rire Étienne reprit :

-" On ne peut assez regretter que les noms des sources [....] soient complètement perdus : ils nous auraient renseignés sur le degré de science médicale des druides...."

Il s'affalèrent sur l'un des bancs, harassés par la chaleur.

Le soleil brillait haut dans le ciel. Étienne regardait l'astre qui perdait de sa clarté au fur et à mesure qu'une mer de nuages passait devant. Songeur, il posa une question comme se la formulant à lui même :

- Quelle est l'étoile la plus proche de nous ?

- Le soleil ! Répondit son interlocuteur sans hésiter.

- Savez vous que la plupart des gens répondent Vénus alors que celle-ci est une planète ?

Personne ne songe au soleil parce que son nom s'est confondu avec ce qu'il représente et en a fait oublier ce qu'il est vraiment... une étoile !

- Vous voulez dire que le soleil est devenu lui même un objet et plus du tout le nom d'un astre c'est ça ?

- Oui !

Il en est de même pour l'univers ! Pourquoi un tel nom à votre avis ?

- Ça je l'ignore...

- Tout simplement parce que les lois qui le régissent sont les mêmes partout et a tout instant ! Elles sont universelles. C'est pour cela d'ailleurs qu'il est possible d'en décrire les premiers instants ainsi que les étapes de son évolution.

Au début, il n'est qu'une soupe de protons, d'électrons, de neutrons qui errent au hasard et rentrent en collision. À chaque fois qu'un proton capture un électron, un dégagement d'énergie se produit sous forme de photon. De ces fusions va se former l'hydrogène et l'hélium. Ce sont les atomes les plus simples et les plus légers.

Mais l'univers commence à prendre du volume, les collisions sont moins fréquentes.

Il faut attendre que les particules se rassemblent par gravitation, que la matière s'échauffe de nouveau et provoque d'autres fusions de particules.

Les nuage de gaz sont devenus des étoiles....
Pour l'instant, l'hydrogène est le carburant principal de celle-ci.
L'énergie sous forme de lumière qui s'en dégage les fait briller, mais c'est elle aussi qui l'empêche de s'effondrer sur elle même.
Une étoile va brûler ainsi toute son hydrogène et va amorcer un jeu de yoyo. À chaque fois que le combustible en son cœur vient à manquer, elle se contracte et consume les cendres du combustible d'avant, pour se dilater d'autant plus.
Tour à tour elle va brûler de l'hélium, qui va engendrer du carbone, de l'oxygène....
Elle va fabriquer les quatre-vingt douze éléments naturels connus, de l'hydrogène à l'uranium en passant par le fer.
Leurs atomes deviennent à chaque fois plus lourd et plus complexes. Ce n'est plus un, mais jusqu'à quatre-vingt douze électrons qui tournent autour d'un noyau. Et ceux ci se sont considérablement alourdis : quatre-vingt douze protons et cent quarante trois neutrons constituent le noyau d'uranium, élément ultime formé dans ce gigantesque four.
- Mais toutes ces particules qui tourbillonnent les unes autour des autres ne rentrent jamais en collision au sein d'un atome.
C'est ce que va tenter d'expliquer Wolfgang Pauli.
Ce qui est troublant c'est que très tôt, il connait des déboires amoureux. Dans une lettre adressée au psychanalyste Young il écrit ceci :

"Ma femme m'a quitté pour un chimiste. Elle m'aurait quitté pour un matador j'aurai su quoi faire, mais pour un chimiste, que faire ?"

De plus l'homme en question s'appelait Goldfinger, tout un programme n'est-ce pas ?

Eh bien grâce au principe d'exclusion, (vous voyez le clin d'oeil ?), il explique pourquoi tous les électrons tournent autour du proton sans rentrer en collision.

Vous devez savoir que chaque particule est définie par six nombres dont trois sont en commun.

Les électrons par exemple, possèdent tous :

- une charge électrique négative

- une masse

- un spin (nombre définissant la rotation de la particule sur elle même)

Mais ils ne peuvent jamais avoir :

- La même position autour du noyau.

- La même vitesse.

- Partager le même niveau d'énergie lorsqu'il y a déjà assez d'électrons occupant celle-ci.

Imaginez les vingt six électrons qui gravitent autour de l'atome de fer, répartis sur quatre orbites différentes :

Deux sur la première, huit sur la deuxième, quatorze sur la troisième et à nouveau deux sur la quatrième.

Chapitre 6

- Sacré manège !

- En effet. Pardon de passer d'une chose à l'autre mais vous alliez tout à l'heure évoquer l'origine du trésor de l'abbé...

- Saunière. L'abbé Saunière.

Le jeune homme sortit un épais dossier à chemise rose de son inséparable sacoche qu'il portait en bandoulière depuis le début de leur périple.

Il le tendit à Etienne qui le feuilletât avidement, tel un trésor.

- Je crains qu'il n'y ait maintenant plus grand choses à en dire, tout a été écrit ou presque sur le sujet. Je m'étonne encore parfois de l'engouement qu'il suscite.

- Assez pour vous en tous cas pour y consacrer encore des recherches coupa Etienne.

Le jeune homme rougit.

- C'est un fait, ce curé a eu assez d'argent pour se payer un petit paradis. C'est a mon avis le seul témoignages qu'il nous laisse de ses dépenses pharaoniques.

Cependant, un livre sur l'histoire de l'Occitanie, m'a révélé une curieuse anecdote. Ce qui m'étonne c'est qu'elle soit passée inaperçue.

Figurez-vous qu'en 1340, une affaire de fausse monnaie conduisit à l'arrestation de seigneurs de la région, (du Razès plus précisément). Il s'agissait entre autres de Guilhem Catalani, (plus tard pape sous le nom de Benoît XII), Pierre de Palajan de Coustaussa, Brunissande de Gureyo, épouse de Jacques de Voisin, Agnès Mayssènet et Françoise...

- De Niort, compléta à haute voix Étienne, lisant une des pages du dossier.

- Tout à fait exact. Si les pièces étaient bien en or, elles étaient néanmoins frappées sans privilège. Malgré la confiscation de leurs biens, j'aime à penser qu'une certaine quantité des pièces échappa à la saisie. Peut être en ont-ils cachés dans les cryptes des églises alentour.

- Et d'après vous, la marmite que votre curé découvrit en faisant des travaux dans son église...

- Provenait de là ! Je le pense en effet.

- Fascinant ! Et l'origine de tout cet or pour accomplir leur roublardise ?

- On l'attribuerait aux templiers.

- Ah, les fameux templiers et leur secret !

- Vous ne croyez pas si bien dire. Bernard le Surque, ancien de l'ordre aurait paraît-il été envoyé ici à la fin de la croisade de Philippe le Hardi, pour y mettre à l'abri les biens des templiers. Des années plus tard, lors de son retour en Roussillon, il est accueilli à bras ouverts par les chevaliers de Jérusalem. Mis en confiance, il leur divulgue l'emplacement des cachettes.

Il disparaît mystérieusement sans laisser de trace.

Étienne était suspendu aux lèvres de son comparses.

- Et ?

- On n'en sait pas plus. À vous de vous faire votre propre histoire, car le fin mot de celle-ci, nous l'ignorons. Cette région regorge de légendes, je vous l'ai dit.

Il reprit "la vraie langue celtique" et le montra ostensiblement à Étienne.

- Vous savez, ce qui est curieux dans ce livre, en dehors du fait que l'ouvrage l'est par lui-même, c'est qu'il existe un menhir non loin d'ici et que l'abbé n'en fait pas mention.

- J'aurai aimer le voir.

- Ma voiture se trouve sur un parking à quelques mètres d'ici, tout en haut de la rue.

- Alors allons y, si vous le voulez bien.

D'un air entendu les deux compères se levèrent et se mirent à rebrousser chemin pour remonter jusqu'à la route nationale qui traversait la petite ville thermale.

Tout en marchant, Etienne continua de lire chaque feuillet avec curiosité.

Au bout d'une bonne vingtaine de minutes et sous un soleil de plomb, ils atteignirent la place où ils s'étaient rencontrés le matin même. De forme carrée, son centre en béton gris contrastait avec le pourtour de pavés jaune pâle et ocre.

Tout au fond, une scène surmontée d'un chapiteau, devait accueillir certains soirs des concerts.

Sur ses côtés, bars et restaurants avaient mis des tables en terrasses afin que les touristes, nombreux à cette heure-ci, puissent jouir de la fraîcheur à l'ombre des arbres.

Une pancarte indiquait en lettres blanches sur fond bleu "place des deux Rennes".

Un blason de gueule à la croix alésée d'or, et un chapiteau supporté par quatre colonnes dont l'une presque entièrement effacée par le temps, ornaient l'inscription.

Le jeune homme aurait bien siroté n'importe quelle boisson, pourvu qu'elle soit fraîche et désaltérante, mais Étienne ne lui en laissa pas le temps. Il était trop intrigué par tant de mystères. Alors qu'ils passaient devant la vitrine d'une boutique de souvenir, des aquarelles posées sur de petits chevalets en bois attirèrent l'attention du jeune homme.

Il reconnut certains paysages des alentours. Artiste anonyme, prix dérisoire.....

Il s'engouffra dans la boutique entraînant Étienne avec lui en le tirant par la manche.

Une vielle dame les accueillit avec un large sourire. Ses yeux marrons trahissaient un regard malicieux.

- Bonjour. Vous désirez messieurs ?

- Bonjour. Oui ces toiles que vous exposez dans votre vitrine, j'aimerai en savoir un peu plus s'il vous plaît.

- Oh ! Elles sont l'œuvre d'un inconnu, d'un original, si vous voulez mon avis.

Ce fada parcourait la région un pinceau dans une main, une toile dans l'autre. Les randonneurs du dimanche, (des touristes, vous m'aurez comprise), pouvaient le rencontrer n'importe où sur les chemins, de ci, de là, se prenant pour Monet.

Il me les apporta les une après les autres, peut être six ou sept au total. Il me demandait à chaque fois ce que j'en pensais. Eh j'en sais rien moi, lui rétorquais-je, je ne suis pas peintre ! La dernière fois, ce fut pour me présenter celle-ci. Après, ce barbouilleur ne revint plus.

Le jeune homme reconnut tout de suite "la pierre droite" ainsi que le lieu dit des " Pontils" abritant une tombe.

- Je les prends.

- Avec plaisir ça me débarrassera. De plus, elles ne sont pas très fidèles à la réalité.

La vielle dame disait vrai.

Une fois sortis de la boutique, le jeune homme entraînait Étienne en direction du nord avec sous le bras un sac contenant les toiles, chacune soigneusement emballée dans du papier.

Chapitre 7

Une dizaine de minutes plus tard, nos deux compères abandonnaient leur véhicule stationné sur le bas côté de la route.

Ils empruntèrent un chemin communal qui s'enfonçait dans la garrigue.

- Il existe plusieurs menhirs de ce genre dans la région.

- Menhir signifie littéralement pierre longue, si je ne m'abuse.

- Oui. Les gens d'ici les nomment "peulvans" ou pieu de pierre. Ces mégalithes ont une origine si lointaine que leur véritable nature s'est perdue au fil du temps. Du coup bien des légendes sont nées autour de ces dolmens.

Louis Fédié dans un ouvrage consacré au comté du Razès, écrit qu'il existe sous ce peulvan, une cavité d'origine humaine où il serait judicieux de faire des fouilles.

L'abbé Mazière mentionne que la pierre droite que nous recherchons, regarderai aux greniers et aux caves du roi.

Cette affirmation, d'où la tient-il ?

- D'un document appartenant à la famille d'Aniort.

Mais il y a bien plus curieux encore.

- Ah ! Ça ne l'est pas déjà assez comme ça ?

Vous connaissez le roman d'Arsène lupin, "la comtesse de Cagliostro"?

Ne lui laissant pas le temps de répondre...

Notre héros recherche un trésor enfoui au pays de Caux sous une pierre, une borne plus précisément et il possède l'indice suivant : ad lapidem currebat olim regina.

- La reine courait autrefois vers la pierre.....
- Prenez la première lettre de chaque mot et vous obtenez le mot Alcor qui est la septième étoile de la constellation de la grande ourse. En arabe, son nom signifie épreuve.
- En effet, si on a une bonne vue, on peut observer cette étoile à l'oeil nu.
Mais notre pierre dans tout ça ?
- J'y viens. Les sept abbayes de Caux ont des positions identiques à celle de la constellation et le trésor est situé près de l'abbaye qui incarne l'étoile Alcor.
Eh bien certains se sont mis dans l'idée que notre pierre levée serait cette borne Alcor, se tenant juste au dessous de la dite étoile.
De plus, l'ancienne appellation de Rennes le château qui se trouve à quelques kilomètres de là sûr notre gauche, est rhedae que l'on peut traduire par chariot. La grande ourse n'est-elle pas elle même un grand chariot ?
- Peut être mais ce raisonnement ne tient pas et cela pour deux raisons.
- Ah ça m'intéresse.
- Une étoile n'occupe pas exactement la même place toute l'année sur la voûte céleste. Sa trajectoire décrit en un an un cercle. Ce phénomène est dû au mouvement de la terre autour du soleil.
Le mouvement propre des étoiles aussi est un facteur à ne pas négliger, il modifie lentement au cours du temps la configuration des constellations.
Il y a cent mille ans, les étoiles de la grande ourse étaient nettement plus éloignées les

unes des autres qu'aujourd'hui. Dans cent mille ans elle aura une forme beaucoup plus écrasée dû au fait de leur rapprochement mutuel.

Donc prétendre qu'il y a cinq mille ans de cela, nos ancêtres étaient capable par effet de miroir, de faire correspondre des pierres disposées sur notre terre avec des étoiles dont l'éloignement est, au bas mot, de quatre vingt années lumières n'est pas possible.

Revenons à nos moutons (vous comprendrez pourquoi j'emploie cette expression).

Tout à l'heure, nous avons vu la structure d'un atome.

Mais comment le représenter ?

Quelles lois le régissent ?

Ces interrogations furent un défi pour les scientifiques.

Je vais essayer de vous résumer ces principes en ayant recours pour cela à des abus de langages. Ils ne peuvent décrire la réalité et je m'en excuse d'avance mais ils seront nécessaires à sa compréhension.

Les scientifiques ont observé que la lumière se comportait comme une onde et pourtant qu'elle était constituée de petits corps ou corpuscules.

Thomas Young tenta de répondre à cette question en imaginant l'expérience suivante.

Il éclaira d'une source lumineuse une plaque percée de deux fentes verticales et plaça derrière celle ci une plaque photosensible afin d'en capturer le résultat.

Et, oh surprise, au cours du temps, plusieurs franges de lumières bien parallèles les unes par rapport aux autres, apparaissent alors qu'il s'attendait à ne voir que deux bandes correspondant aux endroits où chaque grain de lumière avait le passage libre.
C'est bizarre ça...
Eh bien pas tant que ça.
Chaque grain de lumière franchit les fentes sous forme de vague et passe ainsi par les deux espaces en même temps pour se réduire en un point sur la plaque photographique, c'est ce qu'on appelle la réduction du paquet d'onde.
Les franges sont donc dues aux points les plus hauts ou les plus bas des vagues de lumière.
Conclusion, les particules ne sont ni des particules ni des vagues d'ondes.
Erwin Schrödinger cherche désespérément une formule mathématique qui décrirait de façon universelle la structure de l'atome.
Il parvient à la mettre sur papier au terme d'un "épisode érotique tardif et fulgurant" qu'il a avec sa maîtresse alors qu'il passe Noël dans les Grisons. Et avec l'accord de sa femme s'il vous plaît !
- Ah ben si madame était d'accord.
- Si je voulais utiliser une image je dirai que l'on peut représenter un atome d'hydrogène par des ondes correspondantes à chaque élément qui le composent, une pour le proton, l'autre pour l'électron, le tout formant un

nuage électromagnétique dont le centre est plus dense.

- Schrödinger a donc écrit en langage mathématique ce que vous venez de décrire ?

- Oui, mais avec toutes les possibilités de position de l'électron autour du proton selon ses orbites d'énergies.

Vous savez on ne peut pas dire vraiment à quoi ressemble une particule, d'ailleurs nous n'en avons jamais vues !

- Comment ça ?

Nous avons pu constater la lumière qu'elles diffusent.

Comment représenter un atome aussi complexe que celui du fer que nous avons vu précédemment ?

Impossible de l'imaginer. C'est à ce moment que les équations interviennent.

Heisenberg va lui, s'intéresser à la mesure de chacune de ces particules dans l'atome, leur vitesse et leur position tel que nous le faisons pour un objet classique.

- Une voiture sur un GPS, la lune autour de la terre....

- Oui. Mais cela se complique pour les objets atomiques.

Leur trajectoires sont floues. Il faut donc les éclairer, comme la taille d'un photon est sensiblement la même que celle de la particule que l'on veut étudier, le résultat de l'un sera à chaque fois au détriment de l'autre.

Dans un premier cas le photon lui donne de la vitesse, dans le second, il influe sur sa position.

- Comme si le flash d'un radar accélérait la voiture ou modifiait légèrement sa trajectoire.
La mesure provoque une réduction de l'onde en un point.
- Je sais que ce n'est pas évident a concevoir mais le grain de lumière agit comme la plaque photographique dans l'expérience de Young.
On ne peut pas dire que la vitesse ou la position d'une particule préexistait à la mesure puisque elle est sous la forme d'une vague.
C'est la mesure qui oblige la particule à prendre position en la forcant à la réduire en un point.
- C'est ce que vous appelez la réduction du paquet d'onde.
- Vous avez saisi. J'ai essayé de résumer au mieux le principe d'indétermination d'Heisenberg. J'avoue que c'est assez contre-intuitif.
Alexandre Koyré disait que le pari de la physique moderne est d'expliquer le réel par l'impossible.
Vous l'aurez compris, il faut avoir recours aux probabilités pour localiser une particule.
On appelle cela le principe de superposition.
C'est à dire que l'on ajoute tous les états possibles d'une particule (toutes ses postions, toutes ses vitesses, toutes ses rotations sur elle même) pour définir son état possible.
On parlera alors de vecteur d'état.
Autrement dit, si A est un état possible de la particule, et si B est aussi un état possible, alors A+B est encore un état possible.

Par le calcul, et uniquement par le celui-ci, on prédit tel ou tel état, on vient dans le réel ; on fait la mesure, le résultat est le même !

Incroyable ! Et jamais, depuis la naissance de la physique quantique, la mesure n'a contredit une fois le calcul. C'est dire la fiabilité de ses lois.

Einstein et Schrödinger refusaient ce hasard, ils pensaient que la physique quantique était incomplète, ce qui va les opposer à Niels Bohr.

******

Au détour du chemin, dissimulée par la végétation, la pierre droite regardait aux greniers et aux caves du roi. Nos amis la dépassèrent, trop préoccupés par le monde de l'infiniment petit.

Chapitre 8

Revenus sur leurs pas, nos deux compagnons contemplaient la pierre droite.

Depuis leur point de vue, ils pouvaient admirer la vallée au creux de laquelle, le Rialsesse et la Sals se rejoignaient pour couler de concert jusqu'à la station thermale de Rennes les Bains.

Sur leur gauche, le puech du Cardou (pic de charbon en occitan), abritait en son sein des gisements de Kaolin qui furent exploités pendant quatre siècles.

À droite, le roc "blancafortis" ou de Blanchefort, empruntait son nom à la couleur de la roche sur laquelle dormaient les ruines d'un château. Son seigneur offrit le village qui s'étendait au pied de cette forteresses aux templiers. Ces derniers firent venir en grand secret de Rhénanie des mineurs afin d'exploiter une mine d'or placé sous celle-ci.

Face a ces deux montagnes chargées d'histoire, la pierre dressée était posée là, à flan de colline, inclinée sud-sud-ouest.

Selon la légende, un géant avait arraché ce caillou des terres de Saint Polycarpe pour le lancer sur la ville d'Alet les bains qui se trouve à une quinzaines de kilomètres de là. Mauvais tireur, il manqua sa cible et le mégalithe vint se planter ici pour l'éternité.

Si son origine semble celte, sa fonction demeure un mystère. Et pour cause, ces peuples usaient seulement de la transmission orale.

De manière générales, ces aiguilles de pierre ne comportaient ni inscription ni symboles.

Étaient-elles destinées à recevoir des trophées tels que des boucliers ou javelots Seraient-elles des mausolées recouvrant des tombes de druides ou de chef de tribu ? Désignaient-elles un endroit où s'accomplissaient jadis des rituels religieux ?
Étienne fut le premier à se rendre compte du silence qui régnait en ce lieu.
- Jules César a écrit que les druides possédaient une grande connaissance sur de nombreux sujets tels que le mouvement des astres, la grandeur du monde, la nature des choses l'existence de divinités etc...
Se pourrait-il que ce menhir se trouve sur un ancien site sacré ?
Soudain un craquement de branche fit sursauter nos compagnons.
- Vous avez entendu ?
- Oui. Ne me dites pas que vous avez peur !
- Bien sûr que non !
Un vieil homme apparut, un bâton à la main, qui redescendait en direction de la route. Son allure vive provoquait sur son passage un roulis de pierres le long du sentier.
Il ne vit pas nos comparses. Pourtant leur posture comique due à son apparition soudaine l'aurait bien fait sourire.
Ayant reprit ses esprits, le jeune homme sortit ses notes de la sacoche et lut à haute voix.
- La commune où nous nous trouvons se nomme Peyrolles ou Pèire ola en occitan.
On pourrait traduire cela par pierre urne.
- Ah intéressant.

Puis d'un geste décidé il prit l'une des toiles emballées qui dépassait de son sac, déchira le papier qui la protégeait et dévoila l'aquarelle représentant la pierre droite.

- Magnifique !

- Oui je ne suis pas peu fier de mon acquisition.

- Vous voyez ces points de couleurs ?

Ainsi assemblés ils donnent un ensemble cohérent et deviennent une image.

- Oui bien sûr, mais où voulez vous en venir ?

- Eh bien remplacez la peinture par des atomes, voilà à quoi ressemble la matière au niveau atomique. Isolé de la lumière, dans le vide, sans aucune interaction avec un environnement, un atome est une vague tâche pas très bien définie. Mais dans des conditions normales, la réduction du paquet d'onde se fait et chaque particule devient ponctuelle. Je ne veux pas dire qu'elles sont à l'heure, (il dit cela en faisant un clin d'oeil d'un air satisfait) mais qu'elles ont la taille d'un point.

On appelle cela la décohérence.

Schrödinger a utilisé une métaphore pour démontrer l'absurdité des théories quantiques Appliquées au monde macroscopique.

Imaginez à la place d'une particule un chat à la fois mort et vivant, enfermé dans une boite avec une fiole de poison elle aussi dans un état superposé, intacte et brisée à l'aide d'un marteau (actionné/non actionné) par un atome radioactif (désintégré/non désintégré).

- Cela paraît difficile à concevoir en effet.

- Pourtant c'est ainsi que cela fonctionne.

Des expériences en laboratoire ont démontré que, lorsque l'on éloigne deux particules l'une de l'autre après les avoir intriquées (ou mises en contact si vous préférez), malgré tout, elles ne forment plus qu'un ensemble.

Les mesures que l'on fera désormais s'appliquera aux deux particules simultanément et non plus l'une où l'autre de façon individuelles.

Ces résultats ont prouvé qu'Einstein avait tord, les lois de la physique quantique étaient complètes et Bohr avait raison, il faut avoir recours aux probabilités pour décrire l'infiniment petit.

Chapitre 9

La chaleur se faisait étouffante sur la place centrale de Rennes les bain en cette fin d'après midi où l'ombre des arbres se révèle salutaire.

Nos amis trouvèrent un abri sous l'un d'eux et sirotaient une limonade bien fraîche à la terrasse d'un café.

Étienne lisait les notes de son ami, essayant d'en apprendre d'avantage sur le fameux pic du Bugarach, dominant du haut de ses 1231 mètres le massif des corbières.

Trois chemins permettaient d'accéder à son sommet, d'où l'on pouvait apercevoir par grand beau temps la mer.

Son nom, d'après Vladimir Topentcharov, devait son origine aux cathares autrefois nommés les Boulgres ou bulgares, un courant religieux appliquant plus à la lettre les évangiles que les chrétiens eux-mêmes.

Dans son ouvrage sur Rennes le château, l'auteur mentionne que lors de leur migration des terres de la mer Baltique en direction de la mer Noire, les Goths rapportèrent que le fleuve le Bug, contractait une amertume insupportable en se mélangeant à une source d'eau salée.

Au pied du Bugarach, le même phénomène se produit entre l'Aude et la Salz. C'est peut être dû cette toponymie insolite que la montagne se nommerait ainsi.

- D'après les journaux ce serait le seul endroit épargné par la fin du monde, le 20 décembre prochain. C'est une blague !

- Vous n'avez pas tout lu.

On prétend qu'il abrite dans ses entrailles une base extraterrestre, certains affirment qu'il sert de portail pour les voyages spatiaux temporels, ou encore qu'il est un formidable réceptacle d'énergie.

Son survol en avion d'ailleurs est interdit, il provoquerait la perturbation des instruments de navigations.

Un vrai triangle des Bermudes terrestre.

Et il lut de façon théâtrale.

- "C'est peut être pour demain le grand feu d'artifice, le bouquet final, un spectacle enfin digne de l'univers.

Inutile de retenir vos places, vous serez tous au premières loges.

Demain la fin du monde !

Mortel puisqu'il faut mourir, tu mourras en beauté !"

- Eh bien.... D'où tenez vous cela ?

Du journaliste Fandor prêtant à Fantômas une vision apocalyptique de la fin de la terre.

- Vous voyez, encore un abus de langage. "Apocalypse" veut dire littéralement "révélation" ou lever le voile, en aucun cas destruction.

Prenez la physique des particules par exemple, en rédigeant ses principes de façon trop simpliste, on fait des raccourcis, les croyances s'installent et croyez moi, elles ont la vie dure.

Vous venez d'évoquer par exemple la possibilité des voyages dans le temps.

Saviez-vous que nous fabriquons une antiparticule de matière qui prouve que ceux-ci sont impossible ?

- Comment ?

- Notre squelette est formé de potassium 40, reliquat d'explosions d'étoile il y a cinq milliard d'années.

Celui-ci devient stable en devenant du calcium 40. Son neutron se transforme en un proton plus un électron ainsi qu'une paire d'antineutrino.

Il griffonna sur un morceau de papier l'équation suivante : n = p + e- + v.

Dirac recherchait une belle formule mathématique pour décrire de façon relativiste les collisions de particules.

- Belle formule ?

- Riche en invariants si vous préférez.

Dirac était platonicien et considérait que les choses belles étaient des choses vraies. Prenez ce verre par exemple. Il faut que vous fassiez le tour pour affirmer effectivement que c'est un verre. Autrement dit, son observation a résisté à un grand nombre de changements de point de vues pour le décrire.

- Ah je vois, mais qu'entendez vous par équation relativiste ?

- j'y viens, celle-ci décrit les objets se déplaçant à une vitesse proche de celle de la lumière.

Une collision de particule par exemple va générer d'autres particules plus légères qui apparaissent dans les détecteurs et qui ont une durée de vie très courte, avant de se désintégrer.

Pour certains observateur en déplacement par rapport à ce phénomène, les choses se déroulent de façon normale, pour d'autres en revanche qui viendraient dans le sens opposé, verraient la particule de désintégrer avant d'apparaître.

- Comment est ce possible et comment interpréter un tel résultat ?

- C'est là que le génie de Dirac intervient.

Tout objet quantique ou pas qui remonterait le cours du temps remettrait en question la causalité. Une tasse ne peut être brisée avant d'être intacte lorsque vous la faites tomber sur le sol.

Dirac propose une nouvelle interprétation en remplaçant cette particule qui remonterait le cours du temps, par son opposé de même masse mais de charge inverse qui suivrait le cours du temps.

- En somme, une tasse coexisterait avec une antitasse ?

- C'est l'idée, chaque objet quantique a son propre double mais de charge opposée.

Ces nouveaux objets quantiques constituent l'antimatière. On suppose que dans les premiers instants de l'univers, la matière et l'antimatière étaient présents dans des proportions équivalentes.

- Que s'est il passé ?

- Difficile à dire. Toujours est-il que l'antimatière n'est plus que sous forme léthargique. Elle nous apparait en captant l'énergie due à la collision des particules dans nos laboratoires.

- Tel que le boson de Higgs ?

- Tout à fait.

Il faut rappeler qu'en 1931, on connaît seulement l'existence du photon, de l'électron et du proton.

Actuellement, nous avons compris que l'atome porte mal son nom. Les grecs le pensaient insécable alors qu'il ne l'est pas. Les protons et les neutrons qui le constituent sont eux mêmes formés de quarks liés entre eux par l'échange de particules plus petites, les gluons.

- Pour conclure, nous connaissons 4% de ce qui constitue l'univers, c'est a dire la matière ordinaire, le reste nous est parfaitement inconnu.

- Et les 96 autres % ?

- Un tiers représente la matière noire et le reste l'énergie noire.

Qu'est ce exactement ? Nous l'ignorons.

Chapitre 10

Un vide qui ne l'est pas, un atome qui se casse, le cours du temps qui ne se remonte pas, des particules qui ne sont ni des corpuscules ni des ondes, une origine qui n'en est plus une, Alexandre Koyré avait raison, le pari de la physique moderne est d'expliquer le réel par l'impossible.

Le soir tombait sur l'arrière pays Audois.

Nos amis s'étaient donnés rendez-vous au pied du domaine de l'abbé Saunière d'où ils purent admirer la vue donnant sur la vallée.

Au loin, les lumières des villages alentours brillaient de façon éparses telles des étoiles. Cela ajoutait, au silence régnant, une atmosphère apaisante.

Même si la brise de la nuit se faisait désirer, la disparition de l'astre solaire derrière l'horizon permettait que l'air ambiant soit un peu moins suffoquant.

La jeune femme passionnée d'astronomie les avait rejoint.

Tous demeuraient silencieux jusqu'à ce qu'ils aperçoivent une étoile filante.

Ils comprirent rapidement que c'était en fait la station spatiale internationale.

Ils la suivirent du regard pendant quelques secondes jusqu'à ce que la jeune femme intervienne.

- Sommes nous seuls dans l'univers ?

Étienne ébouriffa sa chevelure, cherchant une réponse satisfaisante.

- J'ai trois réponses possibles à vous offrir, laquelle choisirez vous ?

Disons que nous sommes seuls, un dieu serait notre créateur. Lequel ? Ça, c'est à vous de choisir.

Si au contraire nous ne sommes pas seuls, peut être que personne n'a encore réussi à entrer en communication avec nous.

En effet, à cause des distances immenses, les signaux émis par les petits hommes verts ne sont pas encore parvenus jusqu'à nous.

Souvenez vous que la sonde Voyager 1 lancée en 1977, vient à peine de dépasser la limite de notre système solaire.

Il est possible aussi que nous n'ayons pas reconnus ces signaux en tant que tels ou bien que nous ayons du mal à les interpréter.

La dernière hypothèse est que nous ne sommes pas seuls et que les extraterrestres sont déjà venus nous voir, mais alors pourquoi n'en avons nous gardés aucune trace ?

La première réponse qui vient est, qu'étants venus sur terre bien avant notre apparition, depuis leur départ, cette trace a eu le temps de s'effacer.

Il se peut qu'ils nous observent mais que nous ne soyons pas assez digne d'intérêt pour eux.

Enfin la dernière va vous plaire j'en suis sûr, leur trace laissée serait...

- De nous ! Vous voulez dire que nous viendrions d'ailleurs ?

- Cela n'a rien d'impossible vous savez.

Il faut pour cela redéfinir ce qu'est la vie.

Plus d'un organisme survit sans avoir besoin de lumière, de chaleur ou d'oxygène.

Certaines bactéries peuvent évoluer à des températures extrêmes, en milieu acide, saturé en sel, ou par de très grandes profondeurs. Elles sont présentes dans les geysers du parc Yellowstone, dans les eaux de la mer morte, enfouies dans le pétrole sous terre, dans les eaux hyperacides de Dallol en Éthiopie ou encore dans la mer glacée des pôles où elle peuvent revenir à la vie au gré des congélations et des décongélations.
- Et la vie extraterrestre dans tout ça ?
- J'y arrive. Des particules d'algues fossiles ont été extraites du coeur de météorites qui se sont écrasées respectivement dans le sud de la France en 1864 et en Afrique en 1938. Ces êtres ressemblaient aux algues aquatiques capable de fabriquer, tenez vous bien... des hydrocarbures !
- Du pétrole ?
- Parfaitement. Les chercheurs sont même parvenus à isoler un genre de cellule que l'on ne trouve pas sur terre.
Attention, je ne vous dit pas que la vie est extraterrestre, je dis seulement que la question n'est pas tranchée, du moment que l'on cesse d'attribuer à la vie la forme exclusivement humaine.
Connaître l'origine de notre univers nous permettrait-il de connaître la suite de l'histoire ainsi que le pourquoi de l'existence de l'être humain ?
D'abord, définissons ce qu'est l'origine de quelque chose.

Si l'on admet que l'univers surgît du néant, créé par une main extérieure, Dieu, ou je ne sais quoi, l'univers est transcendent.

Si au contraire, l'origine de quelque chose est toujours précédée par autre chose qui existait avant, on appelle cela l'immanence. Dans ce cas, l'origine devient une transition de phase et plus un commencement.

Une autre question se pose alors.

Admettons qu'au départ, il n'y avait que deux particules, deux électrons par exemple. Comment ont ils décidé qu'ils se repousseraient à cause de leur charge électrique ?

J'ai bien peur que ces questions demeurent à jamais sans réponse.

Pour décrire l'univers à son début, il faudrait le faire à l'aide de l'électromagnétisme, des forces nucléaires qui régissent les interactions de particules dans un espace temps plat et rigide, et de la relativité générale qui est une déformation précisément de l'espace et du temps. Comme vous le voyez, les deux sont incompatibles puisqu'ils utilisent un espace temps différent.

Nos scientifiques tentent d'élaborer divers modèles d'univers où s'intègrent parfaitement les 4 interactions que je viens de vous décrire pour résoudre ce problème. À quoi ressemble l'univers dans son ensemble difficile de le dire.

La galaxie dans laquelle nous sommes a un diamètre de 10 000 années lumières. Elle nous emporte dans ce vaste océan cosmique à une vitesse d'environ 225 km/s.

La terre qui est sur l'un de ses bras tourne sur elle même à 1660 km/h, tout en se déplaçant à 30 km/s autour du soleil. La nébuleuse la plus proche se trouve à un million et demi d'année lumière.

Si tout a une fin, ce manège cessera d'exister tôt ou tard. Pour nous du moins, c'est sûr.

Il reste à notre étoile encore 5 milliards d'année à peu près avant de devenir une naine brune, c'est a dire une étoile en extinction ou un trou noir par en s'effondrant sur elle même par gravitation .

Bien avant, le sort de la terre sera scellé. Dans deux milliards et demie d'années, le soleil se transformera en géante rouge pour continuer de consumer son hydrogène. Son diamètre augmentera d'un facteur 100, il dévorera Mercure et Vénus, épargnera la terre mais la transformera en un désert calciné.

En outre un autre danger nous guette.

- Lequel ?

- Un astéroïde de 3 milliards de tonnes se dirige vers nous. Il constitue une menace assez sérieuse. La NASA cherche un moyen d'éviter la collision fatale avant 2135, je sais, vous allez me dire que ce n'est pas pour maintenant, mais dans le futur de la terre c'est pour demain.

- Pas très réjouissant comme programme !

- Comme vous le dites. À moins que....

- À moins que ?

- Que les extraterrestres viennent nous rendre visite et puissent nous sauver, mais alors il faut qu'ils se dépêchent !

Postface

Le 20 décembre de cette année, ce fut un jour comme les autres, la fin du monde ne survint pas et notre belle terre avait encore de beaux jours devant elle.

En cette année de fin du monde annoncée par le calendrier maya, un physicien et un passionné d'histoire s'intéressent à l'origine de l'univers à travers la physique quantique. En essayant de répondre à ces questions, pourront ils connaître la suite de l'histoire et ainsi donner un sens à l'existence de l'être humain ?